U0884398

我的第一本科学漫画书·绝境生存系列

水资源危机大作战

물 부족에서 살아남기
Text Copyright © 2016 by Sweet Factory
Illustrations Copyright © 2016 by Han Hyun-dong
Simplified Chinese translation Copyright © 2023 by 21st Century Publishing Group
This translation Copyright is arranged with Mirae N Co., Ltd.(I-seum)
All rights reserved.
版权合同登记号 14-2021-0103

图书在版编目（CIP）数据

水资源危机大作战 / 韩国甜蜜工厂文；(韩) 韩贤东图；张卡译. -- 南昌：二十一世纪出版社集团，2024.1
（我的第一本科学漫画书．绝境生存系列）
ISBN 978-7-5568-7742-3

Ⅰ. ①水… Ⅱ. ①韩… ②韩… ③张… Ⅲ. ①水资源保护—少儿读物 Ⅳ. ① TV213.4-49

中国国家版本馆 CIP 数据核字 (2023) 第 156076 号

我的第一本科学漫画书·绝境生存系列
水资源危机大作战 SHUI ZIYUAN WEIJI DA ZUOZHAN
［韩］甜蜜工厂 / 文　［韩］韩贤东 / 图　张　卡 / 译

出 版 人　刘凯军
责任编辑　张海虹
美术编辑　陈思达
出版发行　二十一世纪出版社集团
（江西省南昌市子安路 75 号　330025）
网　　址　www.21cccc.com
承　　印　江西宏达彩印有限公司
开　　本　787 mm × 1092 mm　1/16
印　　张　11
字　　数　140 千字
版　　次　2024 年 1 月第 1 版
印　　次　2024 年 1 月第 1 次印刷
印　　数　1~7,000 册
书　　号　ISBN 978-7-5568-7742-3
定　　价　35.00 元

赣版权登字 -04-2023-692　版权所有，侵权必究
购买本社图书，如有问题请联系我们：扫描封底二维码进入官方服务号。
服务电话：0791-86512056（工作时间可拨打）；服务邮箱：21sjcbs@21cccc.com。

我的第一本科学漫画书·绝境生存系列

水资源危机大作战

[韩]甜蜜工厂/文　[韩]韩贤东/图　张　卡/译

二十一世纪出版社集团
21st Century Publishing Group

作者序

如何缓解水资源危机

我们经常在电视或者网上看到地球水资源短缺的消息。在非洲，有的人为了寻找干净的水，要步行几十千米去取水；有的人因为喝了受污染的水而生病。在中国西北地区，因持续干旱少雨，很多居民也面临着严重的缺水问题。

尽管如此，我们在日常生活中却不太容易感受到水资源紧缺。我们在家里，只要打开水龙头，就有源源不断的水流出来。口渴时，我们可以通过家里饮水机里的水或者去商店购买瓶装的纯净水来解渴。我们去商场和餐馆，在公用的卫生间很少遇到用水困难的情况。我们去游泳或者泡温泉，也不太容易碰到因缺水而暂停营业的事。然而，真实的情况是，如果我们对地球水资源紧缺的状态始终视若无睹的话，总有一天，可用的水资源会消耗殆尽。

因为随着地球上的人口增加，用水量也日益上升，各个国家和地区水污染的情况也越来越严重，所以我们能用的水资源正在不断地减少。虽然大多数人并不在缺水地区生活，但是，如果有一天，我们生活的地区水资源枯竭，农民将无法进行耕种，工厂将停止生产，我们身边的植物会枯萎，池塘的鱼虾也会死亡。我们人类也可能会因为没有充足的物质而生病，甚至死亡。现在，我们应该做些什么，来避免将来水资源耗尽，各种悲剧的发生呢？

在《水资源危机大作战》中，智伍和伙伴们就面临了水资源危机带来的困境。因为降水量连年减少，城市里的行道树都已枯死，游泳池和澡堂都已停业，人们的日常用水受到各种限制。深受缺水之苦的智伍和皮皮，找到在海岸小村落研究水资源危机的脑博士和凯恩，并带着脑博士的新发明——人工智能水机器人洛洛，去寻找水源。在跟着洛洛去勘测水源时，智伍、皮皮和凯恩掉入了深不可测的大洞之中，遇上了一个神秘的男孩杉卡……在这个荒无人烟的绝境之地，没有水和食物，他们该如何生存下来呢？生存下来之后，他们又会做些什么，来缓解水资源危机呢？

甜蜜工厂　韩贤东

出场人物

智 伍

智伍不会为缺水无法上厕所而沮丧，也不会为在沙漠中找不到水源而气馁，在绝境中饱受饥渴之苦时，他也不会失去求生意志。而且，当凯恩因拉肚子被怀疑患上霍乱时，他也完全没有背弃朋友；在皮皮灰心丧气时，他还一直在给她加油打气。他不愧是大家公认的少年冒险王。

皮 皮

皮皮因为不喜欢洗澡，身上总会散发强烈的气味，智伍只要用鼻子一闻，就能知道她在哪里。她最喜欢和凯恩黏在一起，可是凯恩却是一个有洁癖的人。不管是在酷热的沙漠中，还是在恶臭的下水道里，皮皮都能保持满满的活力。她唯一的弱点，就是很容易肚子饿。

杉卡

杉卡是一个在沙漠游走，贩卖南极冰川水的水贩子。他在寻找水源时，意外从井里救出了智伍、皮皮和凯恩。虽然他总在说“相遇就是一种缘分”，不跟智伍他们收取冰川水的费用，但是事实真的如此吗？

凯恩

凯恩是一个很爱干净的人，因长期被限制用水而深受缺水之苦。他在海岸边的小村落协助脑博士研究如何解决水资源危机，并带着智伍、皮皮一起去寻找水源，中途掉入无人的沙漠地带，展开一场艰难的冒险之旅。

脑博士与洛洛

脑博士不仅是一位医学博士，还是一位发明家。洛洛是他新发明的人工智能水机器人。虽然洛洛看上去很像是一台加湿器，被智伍嘲笑，但它却是一个非常能干的机器人。它既能勘测水源，还能净化污水。

目录

第 1 章
脑博士的新研究 …… 10

第 2 章
水机器人大显神威 …… 26

第 3 章
可疑的水贩子 …… 42

第 4 章
沙尘暴的威胁 …… 60

第 5 章
可怕的脱水症 …… 78

第 6 章
杉卡的秘密 …… 96

第 7 章
水污染造成的疾病 …… 114

第 8 章
藏在地底的储水罐 …… 134

第 9 章
寻找干净的水源 …… 154

第 1 章 脑博士的新研究

哇，一到机场就想坐飞机出去玩了。
哎呀！
不知道皮皮是乘哪一个航班……机场这么多人，怎样才能找到她呢？
热闹
热闹
怎么办？
有了！
啪
皮皮不爱洗澡，不如就用鼻子来找她吧！

好，让我来闻闻看吧！
闻闻
好像就在这里。
闻闻
就是这股味道。
愣
不对！
啊，原来是我自己身上的臭味！
臭气
熏天
智伍！
转
皮皮！

转
很好啊！
好久不见，你还好吗？
圈
什么味道？
闻
这是我喜欢的泡菜的味道吗？
你带了泡菜来接我啊！
闻闻
没有啊……
麻木
好像还有其他吃的。
是在书包里面吗？
你快拿出来，我好饿！
啊，你一个月没洗澡了?！
噗噜噜

*遮阳球：一种能够承受阳光长时间照射的塑料球，可防止水分蒸发。

最近我们岛上也很久没有下雨了呢！
听说美国、西班牙与澳大利亚等国家也很缺水，看来全球水资源都很紧张。
用以解决水资源纠纷的西班牙瓦伦西亚平原水法庭
美国加利福尼亚州严重干旱
难道地球上的水资源真的在减少吗？
地球上的水通过蒸发和扩散，会以水汽的形式进入大气圈，在一定的条件下，水汽会以雨水的形式降落到地表。到达地表的水，一部分通过
蒸发返回大气，一部分会流入江河、湖泊，最终汇入海洋。地球上的水一直都在循环运动中，所以水的总量变化是极其微小的。
水循环
那我们为什么现在会水资源紧缺呢？
这个嘛……
冒汗
啊，等一下！

司机大叔，请让我在这里下车！
怎么了，你肚子饿了吗？
才不是！
快让我下车吧！
嘎吱
人声嘈杂
好多人啊，我们去别的地方吧！
不行，好不容易看到厕所了。
现在有水的厕所是很珍贵的。
智伍，你的脸色怎么这么难看？
不要跟我说话，我现在就像火山快要爆发了……

哗啦哗啦
轮到我了！
请勿使用
唰
唰
不是吧……好不容易轮到我了！
现在停水了，洗手间停止使用，请大家去别处吧！
我辛辛苦苦排到现在……
呃啊啊
咕噜
咕噜
我忍不住了！
火山就要……

请勿使用
嗒嗒嗒
要爆发了！
砰
这里已经停水了，请你立刻出来！
砰砰砰
唔
轰隆隆砰砰
啊，好臭！
怎么突然打雷了？

哇，真舒服！
我终于解脱了。
大众澡堂
暂停营业
游泳池
停业中
挠头
没想到这么严重……
别担心了，说不定很快就会下雨了。你看，我现在也没事了。
我才不担心你呢！我是担心凯恩哥。
凯恩哥？

凯恩哥那么爱干净，这种没法洗澡，上厕所也紧张的日子，他会有多难熬啊！
我想去安慰一下凯恩哥！
凯恩哥要是看到皮皮，压力会更大吧！
不要！
哈哈！
你说什么？
没什么！
哎，太难办了！
这几个月凯恩哥都在海边的小村落，跟着脑博士一起研究水资源危机呢！脑博士真的很全能……
太好了，我们马上去找他们吧！
啪
好，出发！
说不定会遇上什么有趣的事。
哈哈！♪

嘣
嘣
嘣
大叔载着水桶是要去装水吗?
嘣
嘣
嘣
你看，农田都干涸了!
这里缺水也很严重!
开裂
我们到了！脑博士，凯恩哥!

嘎吱
安
静
我们来了！
凯恩哥，
脑博士！
嗡嗡嗡
闪
现
啊？！

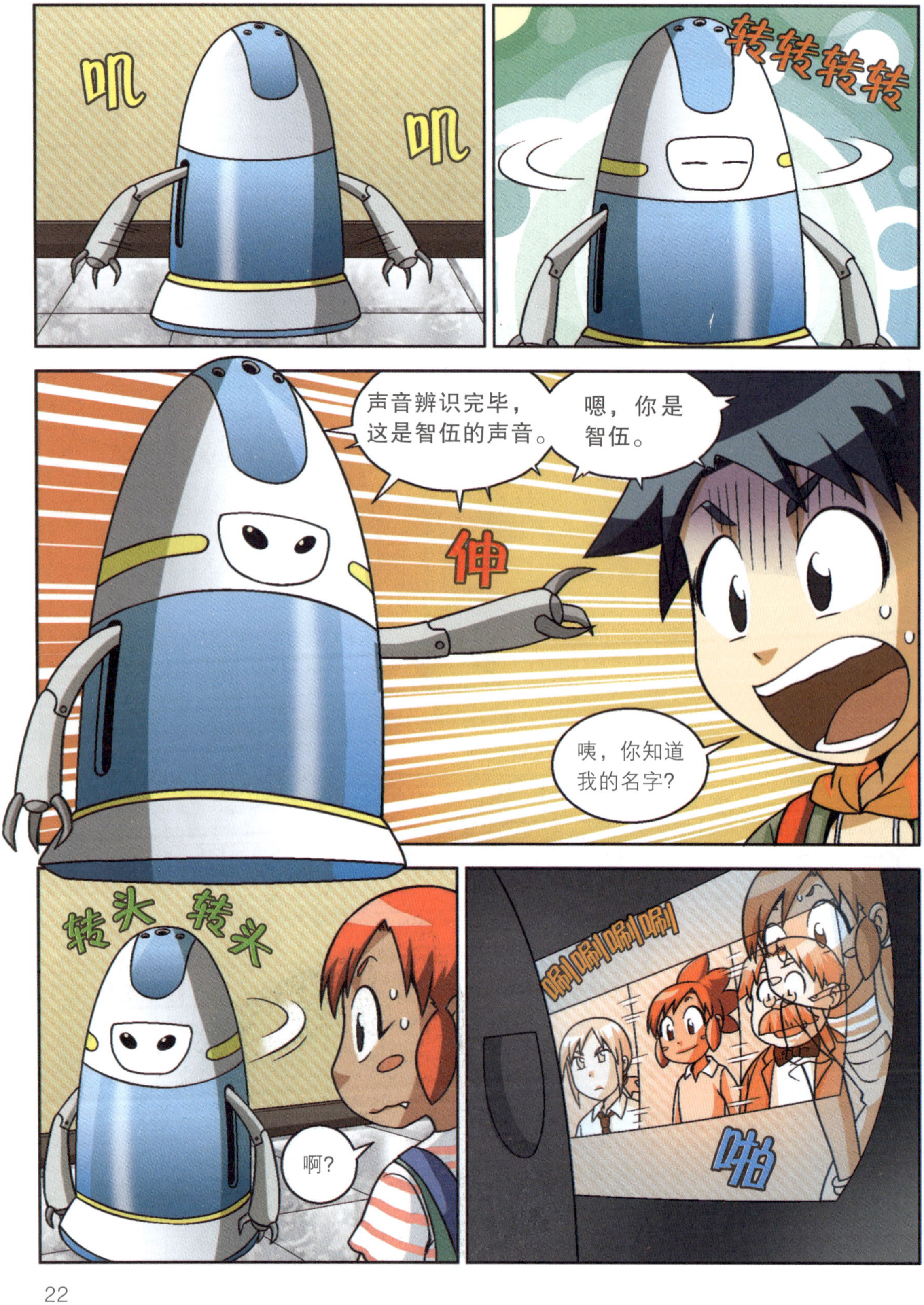
叽
叽
转转转转
声音辨识完毕，这是智伍的声音。
嗯，你是智伍。
伸
咦，你知道我的名字？
转头 转头
啊？
唰唰唰唰
啪

红色头发
黑色眼珠
小麦色皮肤
画面辨识完毕。
你是皮皮。
啊！
这台加湿器竟然会说话？
还能识别我们？
我才不是加湿器呢！
我是水机器人，洛洛。
扑哧
扑哧
啊，它生气了，会爆炸吗？

身陷水资源危机的地球

水是人类生命的源泉。我们每天都要喝水，做饭、洗衣服需要用水，刷牙、洗脸、上厕所、洗澡时也需要用水。如果水资源紧缺，我们的生活会极其不方便。

中国的水资源情况

据有关统计，我国人均水资源占有量为 1918 立方米（2022 年），而世界人均水资源占有量为 9000 立方米，我国是世界缺水国家之一。我国幅员辽阔，气候条件多样，降水空间分布不均匀。我国东南部水资源充沛，年均降水量普遍达到 1000 毫米以上；而西北地区降水量较少，年均降水量不足 400 毫米，水资源十分紧缺。目前我国 600 多个城市中有 400 多个城市缺水，其中 100 多个城市严重缺水。同时，由于人口增长，预计到 2030 年，我国人均水资源占有量将由目前的 1918 立方米减少到 1700~1800 立方米，缺水问题将更加严峻。

© 韩联社

蓄水中的水库

© 韩联社

干涸的水库上游

干旱跟缺水的不同

虽然干旱跟缺水听起来好像差不多，但其实还是有点不一样的。干旱是指一个地区降水量少，不足以满足适量的人口生存和经济发展需要的气候现象；而缺水则是指对水资源的需求超过当地水资源承载能力而造成的水资源短缺现象。因此，降水量偏多的地区，不会发生干旱的情形，但有可能会因为用水不当、过于浪费水而导致缺水。

世界各国的水资源情况

中国

中国水资源总量居世界第 6 位，但人均占有量居世界第 119 位；水资源总量丰富，但人均水资源不足。因为降水空间分布不均匀，加上水污染，所以水资源日益紧缺。

美国

近年来，美国西部地区暴雨、洪涝等极端天气、自然灾害越来越频繁，尽管强降水使某些地区的年度净增水量有所提高，但仍不足以弥补干旱和过度使用地下水造成的赤字。

南非

南非气候干燥，降水量少，加上人口增长和水污染的压力，因此水资源非常紧缺。此外，南非的矿产资源丰富，开采矿产资源也造成了过量的工业用水，导致居民用水困难。

印度

严格来说，印度是一个水资源丰富的国家。印度的雨季降水量很大，但缺乏水利基础设施，水资源不能得到很好的储存，因此在旱季时，无水可用。印度的用水基本来源于地下水，但由于长期无节制的开采，地下水的总量大幅下降。

乌拉圭

自 2022 年以来，位于南美洲的乌拉圭正遭受 70 年来最严重的干旱，当地已经严重缺水，可谓是遇上了史无前例的水资源危机。

第2章 水机器人大显神威

脑博士：×× 医院研究所的医生。
啪嗒
发明过希波克拉底号、菊石号等。
好神奇啊，还能投射影像！
这些是怎么记录进去的啊？这么多的资料……
慌慌张张的、
总喊腰痛的脑博士……
唰唰
慌慌张张的、总喊腰痛的脑博士……
脑博士睡觉流口水啦！
啊……我不想看到这些啊！

快停下来！
啊？
呃
慌慌张张
停止搜寻照片！
无法找到“停止”的照片。
它误以为要搜寻“停止”的照片。
看来脑博士误导洛洛了！
哈哈哈
扑
哧

它的头顶会冒出蒸气，真的不是加湿器吗？
这是全世界最出色的水机器人，你竟敢说它是加湿器？
洛洛具备丰富的水源知识，能在各种场地勘测并找出水源，还拥有净水功能。
这是我为了缓解水资源危机，特别设计出来的机器人。
嘟嘟
好了！
它怎么会知道我的名字呢？
叽叽
啊，我的眼睛！
转
咦？

又停水了，还没到“限水令”通知的停水时间啊！
匆忙
什么人?!
你洗了多久啊？如果你用光了“限水令”限制的水量，当然会没水了。
呼呼
呼呼
还不是因为出水量太小，不能好好清洗……
你一听到恢复供水，就抛下所有事情钻进浴室了吗？你知道这段时间洛洛接收了多少信息吗？
那是凯恩哥吗？
呼
先输入资料……
呵呵呵
哇，恢复供水了，我可以洗澡了。
滴
储存完毕
嗡嗡嗡嗡

我把电脑里的相册、日记等所有资料，都存进洛洛的资料库了，因此洛洛会认出你们。
脑博士，你在跟谁说话啊？
措手不及
凯恩哥！
啊，皮皮！
飞奔
我好不容易才洗干净的，你离我远一点！
推开
呵呵
呃……
太过分了！

现在连洗手的水都不够用了，皮皮你不要随便接近我。
擦手
你的洁癖太严重了啊！如果以后水资源更加紧缺了，你该怎么办？
别担心了，会有办法的。
啊，又有水了！
哗哗哗
我再去冲一下。
唰唰唰
♪
不过，地球真的缺水吗？
智伍说地球上的总水量是动态平衡的……
虽然地球上的总水量维持动态平衡，但是人类真正能利用的水资源仅为地球总水量的0.26%。
随着世界人口的增加，每个人能使用的水资源也会逐渐减少，再过个几年……
是几年之后呢？

现在地球上平均每三个人就有一个人无法获得安全饮用水。
叽叽
洛洛真厉害！
啊，这么糟糕！
随着人口增加，人们日常生活用水，以及农业、工业等用水量也都随之增加。而且各种污染会加剧水资源的紧张。
大气、土壤、海洋被污染，加上工业污水的排放让可用水资源十分紧缺。
如果不采取有效的治理措施，水资源紧缺的问题只会……
越来越严重！
还会更严重？
大事不妙。
扫描完成，勘测到水源。
什么？

嗒嗒嗒
停住
叽叽
这里地底下？
咦？
这里地底下，
有丰富的水源。

哇啊，是地下水吗？
很多吗？
资料分析中，
无法测算大概的储量。
咦，无法测算……又发生故障了吗？
敲敲
不管有多少储量，只要有水就好。
我们开始挖掘吧！
哎呀，我的腰啊！
喀
喀
喀

偷看
土壤太硬了啊！
悄悄
脑博士，您要去哪里？
停下
我的腰好痛，我先休息一下。
大吼
您才挖了几分钟而已！
每次都逃跑。
嗒嗒嗒
我也想休息了，好渴啊！
呼……
好累啊！我不想挖了。
啪嚓

轰
隆
啊？
大家先暂停，地面好像在震动。
哐当哐当
呃啊啊！
大
惊

呃啊啊啊啊
嗖嗖嗖嗖嗖嗖
哐当当当当

哐当
啊啊！
哐当
哐当
救命啊！
唰唰
安静
呼噜
呼噜噜

水资源紧缺的原因

人口增长对水资源的影响

进入20世纪以来，人口高速增长，工业、农业生产迅速发展，城市急剧增加、扩大，全球用水量以每年约1%的速度增长。在用水量渐增的同时，各种废水大量排入水体，引起水质普遍恶化。用水量日益增多与水污染日益加剧，导致全球水资源危机。据联合国教科文组织和联合国水机制2023年3月21日共同发布的《2023联合国世界水发展报告》预测，到2050年，全球面临缺水问题的人口可能翻倍，可能将增长到17亿~24亿人口。

全球水资源分布不平衡

我们知道，地球的水资源受不同地区地形、地势和气候等因素的影响，分布极不平衡。大约全球65%的水资源分配给了不到10个国家，而有超过10亿的人生活在缺水地区。全球17个极度缺水的国家里，其中卡塔尔的水资源最为紧缺，以色列和黎巴嫩分列其后；利比亚和厄立特里亚用水压力也很大；印度许多地区面临长期用水压力，其地下水资源主要用于灌溉，已被严重透支。即使在水资源压力较小的国家，也存在一些极端缺水的地区。例如，南非的西开普省，以及美国的新墨西哥州都面临极度缺水的压力。

气候异常导致降水减少

随着全球气候变暖，各地降水量和降水分布发生了不少变化，很多地区出现旱涝不均的情况。与此同时，气温的升高导致水资源的蒸发率升高，从而使一些地区地表水和地下水的储量减少。并且，气候变暖使南极和北极冰川的融化速度加快，海平面持续上升，沿海地区的地下水随之受到影响。这些都给全球水资源的分配和管理，以及可持续利用带来艰难的挑战。

地下水资源储量减少

地下水资源约占地球上所有液态淡水的99%，对人类生存、维持生态系统的稳定发挥着重要作用。目前全球约有50%的居民生活用水，以及25%的农业灌溉用水来源于地下水。地球的地下水储量减少的主要原因在于人类长期过度开采。过度开采地下水会引发地面沉降、地面塌陷等问题。同时，人类活动导致地下水污染，也会对地下水的生态系统造成严重影响。地下水的生态系统一旦遭到破坏，在短时间内无法修复，必须经过几十年甚至几百年才能复原。

过度开采地下水引发地面塌陷 地下水位的下降会使地下土壤失去支撑，最终导致地面塌陷。在人口密集的大城市，地下水的过度开采现象尤其严重。

第 3 章
可疑的水贩子

啊，
脑博士！
地面塌
陷了！
坐起
嗯？
我听错
了吗？
左看看
右看看
呜……
我的屁股好痛啊，
我们掉进洞里了吗？
呃啊啊
亮光
好高啊！
这个洞穴应该有
十几米深吧？
天哪！
怎么会
这样？

脑博士，我们跌进洞穴里了，快来救我们啊！
嗒嗒
嗒嗒
我听到脚步声了！
是脑博士吗？
拿出
虽然井里可能没水，但还是试试看吧！

唰
唰
唰
啊！
哐
啊
好痛啊！是谁在
乱扔东西下来？
发抖
发抖
晃动 晃动
有动静啊！
是水吗？
让我看看究竟
是什么人！

哼哼
我要爬上去看看，是哪个家伙打伤了我……
摇晃
摇晃
什么东西这么重？应该是水吧！
呃啊啊
你砸痛我了！
啊，是人！
咦？这个人……
惊
松手
救命！
啊啊啊
挥舞
挥舞

呜呜……
抓紧
吓死我了！
啊！
砰
啊，下面还有人呢！
啊啊
你先救我出来吧！
用力
用力
抓紧

热气
热气
炙
热
这是在哪里?
凯恩哥，村里有
这个地方吗?
没有啊，
这是在沙漠?
这里是
土城。

土城？
我怎么都没听说过？
你是什么人？你的衣服好奇怪。
土城是这个城镇的名字。
土城曾经是一个拥有河流、绿荫环抱的美丽城镇！
闪亮
他怎么了？
唰
有那么美丽吗？
啊！

后来，这里不再下雨，树木和草都枯死了。
农作物也不再生长，每天风里都夹带着黄沙。
这口井曾经有甘甜的井水，
现在却枯竭了！
咕噜噜
咦，水声？
咕噜噜
你在干什么？
大口
皮皮！
抢

你怎么能喝来路不明的水呢？
这不是洛洛找到的水吗？它刚才说有水啊！
洛洛？
嗯？
叽叽
叽叽
它能变出水来吗？
洛洛不能制造水。
作为水机器人，它能在不同场地勘测水源。

勘测水源?
也对，洛洛成功地找到我了。
我叫杉卡，是人称“有水就有杉卡，有杉卡就有水”，只贩卖最高级的南极冰川水的水贩子。
水贩子?
贩卖南极冰川水?这怎么可能?!
喀!
这是我历经千辛万苦去南极洲取回来的冰川水。
要知道全球约90%的冰都在南极。由于全球变暖，南极冰川正在融化。
我们可以利用那些即将融化的冰川，来解决水资源危机。
要取得南极冰川水，是极其不容易的，不过我有我的独门妙招。
没想到竟然如此珍贵!
皮皮，你快把刚才喝的水吐出来，这些水肯定很贵!
我的头好痛啊……

呵呵……
我没打算要跟你们收钱。
真的吗？
跳跃
对啊！怎么可能不收钱？
有点可疑！
没什么！我们在这口井相遇也是缘分。
不过……
瞧
叽叽
嗯？
扫描结束，发现水源。
位于东南方15千米处！
咔嚓
真的吗？！

东南方15千米，你确定吗？
你真的肯定那里有水源吗？
东南方15千米有水源。
盯
叽
叽
可是我们现在都不知道自己在哪里啊！
等等！
东南方15千米。
我觉得我们是不是要先搞清楚现在的状况啊！
伸

15 千米的距离也不近，我们没有地图，要怎么辨别方向？
如果这里是唯一的出入口，我们很可能没力气走回来了。
我来当向导吧！
指
你？
我对这里很熟，这里是我贩卖冰川水的必经之路。
你为什么对我们这么好？你想从我们这里得到什么吗？
我刚才说了，因为缘分嘛！
谢谢你的好意，但是我们不想增加成员了。
天底下没有免费的午餐。

这样啊……那我走了！这里的阳光很强烈，如果你们因体力不支而晕倒，那可不关我的事。
转头
挥手
等一下！
你们不想离开这里吗？
是啊，一直待在这里也不是办法。
走到有人的地方，说不定能找到更多办法呢！
凯恩哥，我们先离开这里吧！
晕
好吧，那就走吧！
太好了！
欢呼
呵呵

再自我介绍一下吧！我是杉卡。
你们呢？
你好，我是皮皮。
他是凯恩哥。
他是智伍。
哇，出发啦！
请多多指教！
怎么还是觉得怪怪的？
不管了，顾不了那么多了。
大步
嗡嗡嗡

地球上的水和水循环

地球上的水

地球上的水，按水质来分，分为咸水与淡水。咸水主要由海水、地下盐水和盐湖水构成，大约占地球上的水总量的 97.5%；淡水主要由冰川、地下水、江河湖泊水、水蒸气构成，大约占地球上的水总量的 2.5%。我们知道，海水很咸，不能直接使用，淡化后才能用于生产。而地球上近 70% 的淡水资源冻结在南极和北极的冰川，不利于开采；其余多为土壤含水或深层地下水，不能被人类利用。因此，人类真正能够利用的水资源，仅为江河湖泊水和浅层地下水，仅占地球总水量的 0.26%。

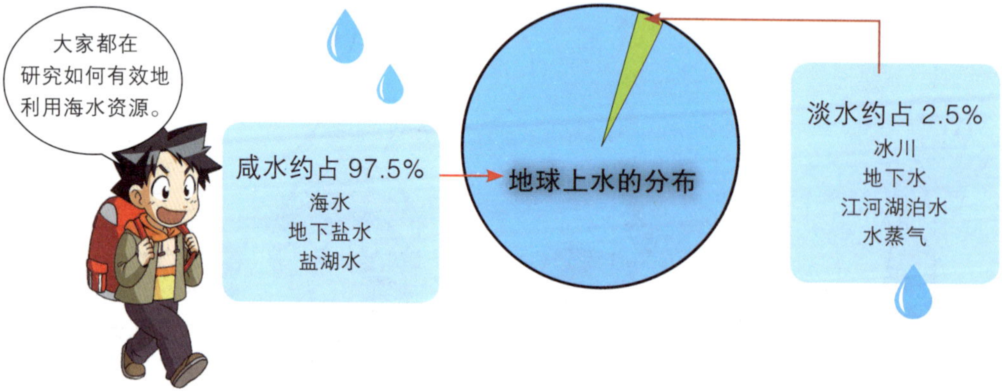

淡水资源面临的威胁

在日常生活中，淡水用于满足人类的各种需求，包括饮用水、洗浴、烹饪、清洁、农业灌溉和工业用水等。然而，我们宝贵的淡水资源正在面临威胁，很多未经处理而排放的工业废水和生活污水，使用了大量农药、化肥的农田污水，正在污染湖泊、溪流和地下水，让我们能够使用的淡水越来越少。因此，保护淡水生态系统、合理使用水资源、改善水质、加强水资源管理等，对于人类来说至关重要。

地球上的水循环

地球上的水，是不停地在陆地、海洋和大气之间循环的。地表的水蒸发后会以水汽的形式进入大气圈；在适当的条件下，大气中的水汽会凝结成水滴；当水滴所受的重力超过它在空气中受到的浮力时，它便以降水的形式落到地表。到达地表的降水，一部分通过蒸发和扩散返回大气；一部分形成地面径流汇入江河、湖泊，最终汇入海洋；一部分渗入地下，或者成为土壤含水，通过蒸发和扩散进入大气中，或者形成地下径流排入江河、湖泊，最终汇入海洋。在水循环的过程中，各种有害物质，有的可通过水的稀释扩散，降低浓度而变为无害；有的也会造成其他地区或更大范围的污染。

河流下游的三角洲

当河水流入海洋或湖泊时，因流速降低，所携带的泥沙大量沉积，而形成的一个像三角形的平原。

水循环的作用

水循环是地球上水资源的重要循环过程。它维持着地球上各水体之间的动态平衡，使淡水资源不断更新。同时，它在维持地球生态平衡方面也起着重要作用，降水不仅能为植物提供水分，促进植物生长，还能为动物提供生存所需的水源。此外，水循环还能调节地球的气温，维持地球的气候稳定。雨水、河水、海水还会对地表的土壤与岩石造成侵蚀、搬运和堆积作用，不断塑造地表形态。

第4章
沙尘暴的威胁

西瓜汁。
冰可乐。
炎
热
草莓冰激凌。
杧果刨冰。

怎么越说越口渴?
我的肚子也饿了，好想吃饭！
我想吃凉面。
还有比萨。
辣炒年糕跟寿司……

停住
你们别再说了！
怒吼
让人越听越饥渴啊！
当人们身体缺水时，往往会出现肚子饿的错觉，其实这时你并不是饿了，而是需要先喝一杯水。
这些我当然知道！
你现在这么烦躁，也是身体缺水的表现。
你讲完了吗？
杉卡，别在意。
凯恩哥比较敏感，其实他脾气很好的。
哈哈哈
嘻嘻
你们真是的……
发抖 发抖

对了！
杉卡，你的冰川水可以给我喝一口吗？
我也要！
什么？
握
咕嘟
不行！
给我喝一口就好了，我真的很渴啊！
我也是！
你们的身体还可以坚持一下，真正的缺水你们知道是什么样的吗？
当人体轻度缺水时，主要表现为口干舌燥，尿液颜色加深等；如果是严重缺水，则会出现呕吐、心跳加速、头晕目眩、低血压休克的症状。
什么？
你别再说了！

不需要这样吓小孩子吧！
点头
点头
总之，现在大家的身体状况都还好，不需要太担心！
洛洛，你从刚才就一直在戳我，是想说什么吗？
戳
戳
附近有一点水。
啊？
在哪里？
你的膀胱里有满满的尿液，我可以净化它们。
尿液？
唰
唰
什么？
亮

来，给你们。
呃啊！
你是想叫我喝自己的尿液？即使净化过，但还是我的尿……
倒退
倒退
采用了反渗透技术！
听说在太空飞船上也会利用反渗透法来净化尿液，再让航天员饮用。
我真的没办法接受！
反渗透装置
暴怒
太空飞船上的厕所
原来洛洛不是加湿器，而是净水器。
我才不是净水器！
火冒三丈

这个给我。
拿
♫
什么是反渗透法啊?
反渗透法是一种利用渗透原理进行物质分离的方法，多用于污水处理、海水淡化等。
半透膜
低浓度溶液
高浓度溶液
加压
半透膜
低浓度溶液
高浓度溶液
渗透作用 在半透膜的两侧放置两种浓度的溶液后，低浓度溶液的水分子会自动流向高浓度溶液那侧。
反渗透作用 如果在高浓度溶液那侧施加压力，此时水分子会通过半透膜流至低浓度溶液那侧，达到过滤溶液的效果。
海水经过反渗透法淡化后，就可以喝了吗?
是的，最近我跟脑博士在研究海水淡化技术，但是淡化海水需要消耗大量的能量，对半透膜的要求也很高，而且成本比较高，技术难度比较大。
排出淡水
多层的半透膜
注入海水
反渗透过滤
要低成本、高效率地淡化海水，还需要开发新技术……
咦?

左看看
右看看
吵吵 闹闹
哼，这些家伙竟然都不想听我解说……
伸
扑
哧
嗡嗡嗡嗡
净化完成。
哇，净化后的水！
咕噜
不用想太多，一口气喝掉就对了！
哇……
真好喝！
呃！智伍竟然喝光了？
我也要喝！

滚
滚
滚
滚
洛洛，这个是什么？
闻闻
那是净化后剩下的残渣。
就是尿液的结晶吗？
呃！
唰唰
唰唰
凯恩哥，你要用钢笔做什么？
这支钢笔里有墨水，我要用它来……

滴
滴
滴
滚
滚
滚
只有这么3滴水吗？这支钢笔的墨水很贵的呢！
墨水比较浓稠，水分极少。
但我能净化你的尿液。
我不要！
太神奇了！
我真想拥有那个……
小声
杉卡，你说什么？

给你吧！
递
我想拿所有的冰川水跟你交换洛洛。
什么？
这个……
我开玩笑的……快点走吧！
呃……没成功！
啊，等等！
凯恩哥！
你不会是当真了吧？

飕
飕
风势好像越来越强了。
啊，根本看不清楚路了。
唔……
喀喀
喀喀
这条围巾借你挡风吧！
哇，谢谢杉卡！
那我们呢？！

飕
飕
飕
突然有种不祥的预感。
嗡
嗯？
眼神碰撞
没事。
强风
呜……
飕
飕
飕
飕
等等！
这阵风太不寻常了！
叽叽叽

沙尘暴来了，土城就是因为它变成了一片废墟！
唰
唰
飞起
洛洛！
糟糕！
砰
我的机会来了！

转头
洛洛！
唰
唰
咦？
啊啊啊啊！
飕
飕
飕
飕
飕

烈
日
噗
哈
皮皮?
凯恩哥?
唰唰唰
大家还好吗?
转
智伍!
皮皮，你在哪里?

智伍！
挥手
皮皮！
凯恩哥！
嗒
嗒
嗒
不好了，杉卡跟
洛洛不见了。
什么？！
惊

如何获得干净的水

自来水厂生产净水

随着文明的发展，人们需要更加安全、卫生、方便的饮用水，自来水系统由此应运而生。我们现在打开水龙头就会自动流出的自来水，就是自来水厂通过一系列过滤、净化、消毒等工序后生产出来的。自来水给人们带来了便利的生活，它在各行各业发挥着巨大的作用，比如食品生产、印染服装等。不过，人们的生活水平在不断提高，对自来水的质量要求也越来越高，未来自来水厂还需要更高效的净化技术，才能满足人们日益增长的需要。

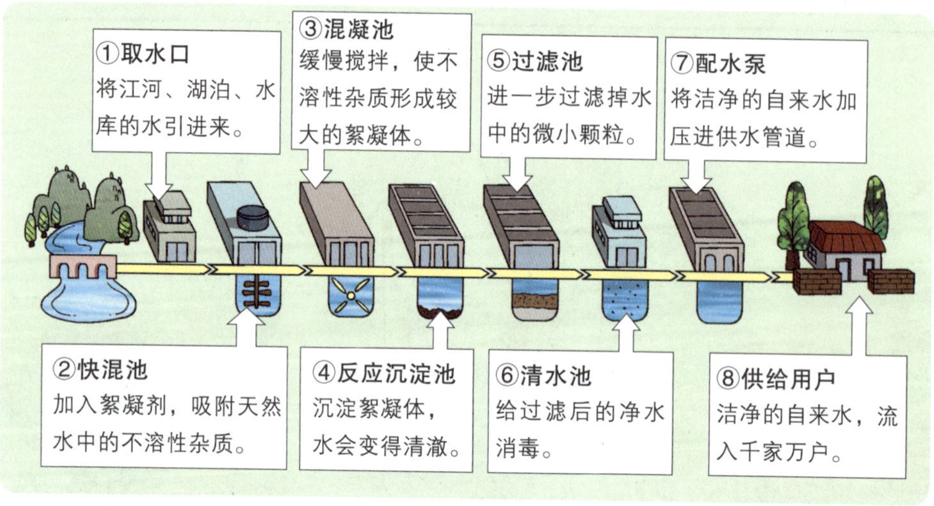

在商店购买纯净水和矿泉水

在中国，我们的自来水虽然经自来水厂处理过，但是要煮开了才能喝。如果想要获得直接就能饮用的水，我们可以在商店购买纯净水或者矿泉水。纯净水是通过蒸馏、反渗透等技术净化过的水，但是在去除有害物质的同时，也除去了很多对人体有益的微量元素和矿物质。它可以直接饮用，无须加热或煮沸，但是却不能作为唯一饮用水，不然会导致身体矿物质和微量元素缺乏。矿泉水含有一些微量元素和矿物质，但是最好不要煮沸，不然有些矿物质会被破坏。

使用净水器

因为我们的自来水不能作为直饮水来饮用，所以有些家庭为了饮水方便，会选择安装净水器净化水质。净水器可以将自来水中的杂质和污染物过滤掉，提供更加干净、健康的饮用水。但是，并不是所有净水器出来的水都可以直接饮用。在各种各样的净水器中，除了反渗透净水器过滤出来的水可以直接喝以外，其他的净水器过滤后的水都最好还是烧开后再饮用。

海水淡化

海水淡化，即指将海水脱除盐分获得淡水的过程。在很多缺乏水资源的地区和国家，非常需要这项技术来获得淡水。但是海水淡化的设备及运作成本比较高，同时海水淡化过程中产生的高盐分的残留物，处理起来也比较棘手。因此，如果要普及海水淡化技术，降低海水淡化工程的成本与技术创新尤其重要。

· 海水淡化技术

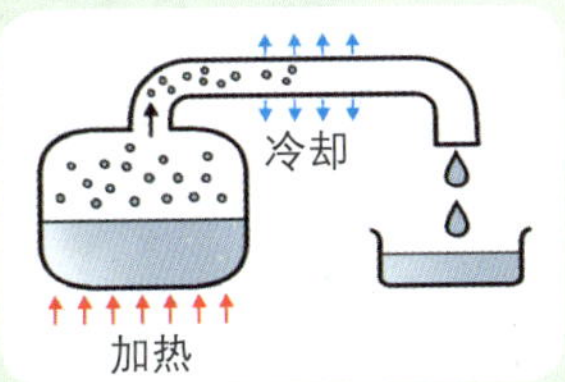

蒸馏法

将海水加热后产生的水蒸气收集起来，再让水蒸气凝结成水滴。这是最简单的方式，但会产生二氧化碳及消耗大量能源。

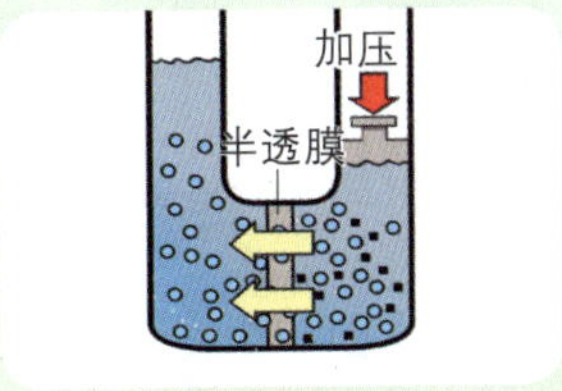

反渗透法

以半透膜过滤海水的方法。虽然比蒸馏法的成本低，但是还不能有效解决半透膜的使用效能与废水处理等问题。

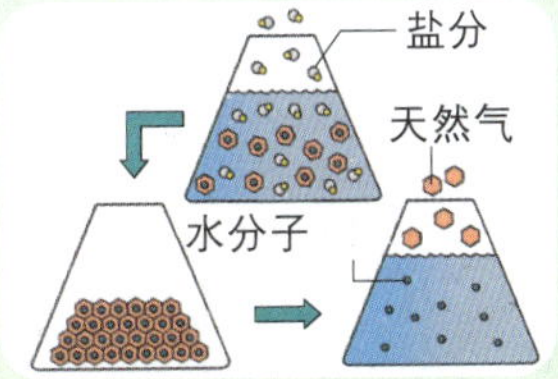

天然气水合物法

利用天然气水合物将海水凝固，先分离出盐分，再分离出水分子和天然气的技术。虽然消耗的能源较少，但目前技术还不够完善。

第 5 章
可怕的脱水症

洛洛真的被杉卡带走了吗?
嗯……
呼
我真担心洛洛。
放心吧！我们现在都没事，洛洛跟杉卡也会没事的。
喷嚏
没错！
或许杉卡还会将洛洛照顾得更好呢！根本不用担心。
嗒嗒嗒
揉揉

可能他们被沙尘暴吹得太远了，说不定他们现在也在努力寻找我们呢！
东摸摸 西摸摸
你是觉得杉卡很好吧！就因为他给了你一条围巾挡风沙？
怎么会呢？我觉得凯恩哥最好！快睡觉吧！
啪
抱紧
啊！
哎，等明天醒来再说吧！
靠
你们离我远一点啊！
挣脱
沙漠的夜晚很冷哦！
我并不需要。
抱紧才温暖。
就把你当作暖炉吧！

照射
嗯……
好冷啊！
抖抖抖
东看看
咦？
智伍，你们去哪里了？
西看看
啊！
这里……
嗒嗒嗒
凯恩哥，我们找到食物了！
真的吗？沙漠里会有食物？

凯恩哥，这是特别为你留的哦！
这是切好的仙人掌？
真的可以吃吗？
我们已经把刺都拔下来了，你放心。
仙人掌是多肉植物，富含水分，可以解渴哦！
放
好吃吧？
体力恢复了吗？

这个味道有点奇怪……
有食物就不错了！
我觉得很好吃啊！
我好想回家啊！
呜呜
呜呜
烈日
我感觉有点冷，难道是感冒了吗？
叽叽
喳喳
打起精神来，快点走吧，说不定今天能找到城镇。
快走吧！
抖抖抖
等等。
转头
嗯？

我的小腿突然痛了起来……
小腿吗？
是抽筋了吗？
可能是早上温差太大，我休息一下应该就没事了。
戳
在鼻子上抹一点口水，就不会抽筋了。
你在做什么？
凯恩哥，你的反应也太大了吧？
呃……
作呕
呃啊！
啊！
凯恩哥！
哗啦啦

难受
凯恩哥！你还好吗？你没吃什么东西，如果都吐出来……
啊，难道……
如果严重缺水，则会出现呕吐、心跳加速、头晕目眩、低血压休克的症状。
怦怦怦
呕吐、心跳加速……
皮皮，你过来！
咦？
凯恩哥现在的情况很危险，他严重缺水了！
什么？我们在沙漠才过了一天而已，你和我都还好啊？
窃窃私语

我们昨天喝了洛洛净化的水，还有杉卡的冰川水，今天也靠仙人掌补充了一些水分。但是，凯恩哥从昨天开始就没有喝到水，更不用说还把刚吃下去的仙人掌吐了出来。在沙漠中，就算不活动，体内的水分也会蒸发掉。
啊！
咕噜
大口喝
停
摇摇
晃晃
凯恩哥，要我扶着你吗？
不用了，我还能走。

看样子还好。
如果他开始产生幻觉，那就糟糕了，我们要盯着他。
窃窃
私语
嗒嗒
嗒嗒
有城镇……
什么?
我们还有一段路才能到城镇呀，至少还有5千米吧?
凯恩哥产生幻觉了吗?
嗒嗒嗒
真的是城镇!
真的?假的?
啊

跑跑跑
哇！
噔噔
一个城镇……
我们比预计的更快抵达了呢！

嗒
嗒
嗒
嗒
天哪！
这根本就是一个废弃的城镇，这座桥……
这座桥底下曾经是有水的，现在只有一片黄沙……

荒凉

有人在吗？
行道树都倒下了！
沙沙沙
全都干枯了。
哐
呃啊……这是什么？
惊
嗯……看来只有蟑螂活了下来。
爬爬爬
小心！
抓
嗯？

马路上也出现
了大洞……
哎呀
这是沉
洞吗？
水龙头居然
被锁住了。
ART
你们看，
有超市！
啊？

超市里什么都没有!
空
荡
呼呼呼
也被锁住了!
难道这个城镇有很多偷水贼吗?
应该不是的。
可能是水太珍贵了，要限制大家使用，才会把水龙头锁起来。

哐
当
沙沙沙
是水……
凯恩哥，
那只是碎
屑啊！
凯恩哥！
凯恩哥！
倒
地

人体所需的水

我们还在妈妈肚子里时，就是在充满羊水的子宫里等待出生。长大后，水占人体体重的 70% 左右，剩下的成分是蛋白质、无机盐、脂肪等。我们每天需要摄入足够的水分，才能维持正常的新陈代谢。

水在人体中的作用

人体中的水主要存在于血液、细胞和淋巴里，它是人体内一切物质的交换媒介。水不仅可以维持人体的细胞结构，协助人体新陈代谢，还能帮助运送人体所需的营养物质，并将代谢废物排出体外。水还能帮助调节人体体温，使眼睛、嘴巴及鼻腔保持湿润。此外，水还能帮我们补充体内的微量矿物质。

我们每天要喝多少水

每个人每天喝水的量，根据不同的年龄、不同的人群，以及体力劳动等情况，有具体的差别。6 个月以内、纯母乳喂养的婴儿，可以通过母乳中的水分来满足身体的需要，不需要额外喝水。6~12 个月的婴儿，一天大约需要 900 毫升的水，可以通过母乳或奶粉中的水，以及额外喝水来满足。大一些的儿童，一天大约需要 1300 毫升的水。绝大多数的普通成年人，在轻体力劳动的情况下，一天大约需要 3000 毫升的水，其中需要直接饮用 1500~1700 毫升的水，其他的水分可通过食物来获得，比如蔬菜和水果等。

有助于补充水分的食物

富含水分的蔬菜和水果。

©Optimarc, JIANG HONGYAN

有助于排水、利尿的食物

碳酸饮料、咖啡，又辣又咸的食物等。

©Valentyn Volkov, Successo images

身体脱水的症状和危害

人不喝水大约可以撑 3 天。在长时间不喝水的情况下，人体的水分严重流失，超过体重的 2% 以上，就会出现脱水的症状，包括口舌干燥、眼窝凹陷、皮肤弹性降低等，严重时还会嗜睡、昏迷。如果不及时处理，可能会导致死亡。

身体脱水后该怎么补水

如果夏天在烈日下待得太久，或是剧烈运动流了很多汗，可能会造成轻微的脱水，引起头晕、头痛等，可以通过喝水、喝含电解质的饮料来缓解。但是，如果脱水的情况比较严重，饮水后效果不佳，最好将患者送去医院，在医生指导下通过静脉输液的方式进行补水。

第 6 章
杉卡的秘密

目标
10 米。
啊！
你有没有听到什么声音？
有，我也听到了。
目标
8 米。
目标
5 米。
目标
3 米。
到底是什么人发出的声音？
不知道，我好害怕！
发现
目标。
叽叽
啊！
是洛洛！

洛洛，太好了！我们现在很需要水，凯恩哥……
他需要水。
没有水。
叽叽叽
洛洛怎么了？
嗒嗒嗒
你们……
杉卡！
叽
叽
果然是你带走洛洛的。
杉卡，凯恩哥有危险，快帮帮我们吧！附近有没有医院？
我们先离开这里吧！

哐当
哐当
杉卡，洛洛怎么变成这样了？
这个……
停
自从我们被沙尘暴分开之后，为了找到你们，我和洛洛走遍了整个城镇。我应该先帮洛洛清理沙子的……
洛洛身上掉落了好多沙子！
沙沙沙
啊，往左转就是医院了。
你怎么知道？
应该是找我们时看到的吧？
其实这个城镇……
土城医院
哇，真的是医院呢！

急救中心
嗖嗖嗖
空荡
左顾右盼
有人在吗？
不可能会有人的，这里就像是废墟。
小心点。
抬起
好的。
洛洛你要快点好起来才行啊！
拍拍拍拍
有没有药品可以用呢？是不是可以输液？
抽屉里什么都没有！
空
放弃吧！

* 介水传染病：指饮用或者接触被病原体污染的水而传播的疾病，比如痢疾、伤寒、霍乱等。

* 吸入性肺炎：因误将酸性物质、食物、呕吐物，以及带有感染菌的上呼吸道分泌物呛入或吸入下呼吸道所引起的肺部炎症。

这种情况最好是通过静脉注射来补充水分，但这里没有输液工具，再这样拖下去，凯恩哥很危险！
昏迷
不醒
啊！
一定要救醒凯恩哥！
没错！
紧握
掏出
这是什么？
这不是什么危险的东西，而是糖果和食盐。
放
哇！

* 电解质可以维持人体内环境稳定，帮助营养物质代谢等。

嘟嘴
臭味四溢
这股气味……
皱眉
呼气
凯恩哥好像有意识了。
凯恩哥！

我好像做了噩梦！
呼
真是好险！
喂
你一口一口地喝，如果喝太快，可能又会吐出来。
是啊，仙人掌全都吐光了！
哗啦啦
无力
嗯！
停

杉卡……你怎么会在这里？你喂我喝了什么？
你就这样对待你的救命恩人吗？
不悦
不悦
脾气真差！
凯恩哥，你还好吗？
杉卡，你忍忍吧！这说明凯恩哥恢复得不错呢！
你……你都喝光了吗？
咕嘟
我也想喝。
你们怎么了？
渴望
我要把剩下的水喝掉！
抢
我先喝才行！

土城缺水时，人们也是像你们这样抢水。
咕噜
咕噜
皮皮，换我喝了！
哈
啊……土城？
咕噜
咕噜
真好喝！
因为缺水，土城才变成现在这样。
土城的居民大都死了。
什么？
呃
10年来没有下过一滴雨，你们能想象吗？
10年吗？
太严重了……

没有水灌溉农作物，农田都干涸了，导致粮食不足。没有水发电，工厂也都停止生产了。
生活用水更是紧缺，饮用水的价格比黄金还要高，穷人根本买不起。
天哪……
好可怕。
这还不是最糟的。
什么?
政府本来要建设水道引水入城，可是城外的河水也枯竭了。时间一天天地过去，土城的水资源很快被消耗殆尽了。
后来，为了抢夺水资源，这里还发生了战争。
砰
嗒
嗒
砰
嗒
嗒
土城的人太惨了!
是啊!
好难过……
土城就是这样衰败的吧!

拍
坚定
别放弃！
洛洛不是找到水源了吗？
掉泪
我们还有希望……
没错，如果我们找到洛洛勘测到的水源，就可以帮助人们重建土城了。
拍拍
拍拍
真的……有希望吗？
这就是你一直打洛洛主意的原因吗？
惊
你在说什么啊？我可没打洛洛的主意，反而在沙尘暴中保护它呢！
挥手
你确实逃跑了！

洛洛，你完全恢复了吗？
扑
哧
我确实想逃跑……
锐利
是吧？！
呃……
叽叽
洛洛好像发现了什么！
扫描完毕，已勘测到水源位置在30千米处，现在开始扫描精准方位。
啊
真的吗？

水资源危机引起的纠纷

在全球水资源日益紧张的情况下，国家之间因水资源而引发的争议越来越多。富含石油的中东地区是全球水资源最为紧缺的地区之一，中东发生的多次冲突都与水资源的争夺有关。在流经11个国家的非洲第一大河尼罗河流域，埃塞俄比亚和埃及等国为得到更多的水资源而纠纷不断。

在中东，水资源引起的冲突愈演愈烈

2023年3月，卡塔尔半岛电视台报道，土耳其打算在底格里斯河和幼发拉底河其中的一条河上建造蓄水大坝，这引起中、下游国家叙利亚和伊拉克的强烈反对。底格里斯河和幼发拉底河发源于土耳其境内，是土耳其、叙利亚和伊拉克三国的经济命脉。三国之间因水资源的问题经常发生冲突。

在非洲，最大水坝引发激烈争议

2011年，埃塞俄比亚开始在尼罗河上建造复兴大坝，建成后可为该国2/3的人口提供电力。然而，由于尼罗河能为埃及提供90%的淡水，因此埃及政府认为，建造这座巨型水坝会导致本国水资源短缺，继而引发粮食危机，并导致农民失业。2022年，埃塞俄比亚复兴大坝已经建成，尼罗河上游的水可能会进一步减少。为了解决矛盾，两国之间进行了多次谈判，但始终没有达成新的尼罗河水资源分配协议。

©Adwo

埃塞俄比亚在尼罗河上建造的复兴大坝

有关水资源危机的国际会议及报告

联合国水事会议

1977年3月，联合国在阿根廷马德普拉塔召开了联合国水事会议，来自118个国家和地区的代表齐聚阿根廷马德普拉塔，并就水资源紧缺的问题进行深入探讨。在经过12天的磋商谈判后，与会代表达成了《联合国水会议宣言》，目标是在1990年前让所有国家共享干净卫生的水资源，避免在20世纪末出现全球水资源危机。

这个目标显然未能实现。反之，近半个世纪后，全球面临着更加严峻的水资源危机。2023年3月，第二次联合国水事会议在美国纽约召开，会议通过的《水行动议程》引起广泛重视。联合国再次警示全世界，应对水资源危机、加强水资源管理，需要各方协同参与，也需要系统思维和技术创新。

《联合国世界水发展报告》

在联合国2023年水事会议开幕之际，联合国教科文组织和联合国水机制共同发布最新一期的《联合国世界水发展报告》（这份报告在每年的3月22日“世界水日”发布）。报告强调，要通过可持续的水资源管理来保障人们的水、粮食和能源的安全，要减轻气候变化和极端事件的影响，维持和恢复生态系统，需要各国群策群力、各司其职才能发挥最大作用。

第 7 章
水污染造成的疾病

再等下去，我会晕倒的……
全身无力
我刚才不是给你吃了葡萄干吗？你不会晕倒的。
我好饿啊！
别担心，虽然人不喝水只能撑3天左右，但是不吃东西或是只吃一点东西能撑到7天以上呢！
啊？
虽然是这样，但是我真的好饿啊……
瘦弱
瘦弱
你这种样子也太夸张了吧？！
她本来就不是一般人呢！

不行，我要吃东西！
等一下。
这个真的是我最后的存货了。
翻找翻找
什么？
哇啊！
砰
狼吞
虎咽
只吃了一汤匙。
我活过来了。
罐头上没有标示保质期呢。
不管了，有吃的就好。

咕噜噜噜噜
嗯？不是我！
挥手
咕噜噜
咕噜
啊，罐头果然过期了！
凯恩哥吃坏肚子了！
拉肚子，不会是……
呃……
无力
慢着，你们都别靠近。

你干吗？
啊？
我们要先弄清楚凯恩哥拉肚子的原因，以免传染给我们。
什么啊？拉肚子又不会传染，如果是霍乱才会。
耸肩
不愧是医学院的高材生。
你为什么要一直针对我？我不可能得霍乱。
霍乱是很危险的疾病吗？
是的。
霍乱是由霍乱弧菌引起的烈性传染病，一般通过被病菌污染的水或食物传播。感染者会呕吐和拉肚子，因体内水和电解质大量损失而虚脱。霍乱是会传染的，而且致死率高。
霍乱弧菌

霍乱是土城衰败的原因之一。
真的吗？
在很短的时间里，城里有数百人感染霍乱，但无法获得妥善的治疗。如果有干净的水源还能缓解一下，后来状况越来越糟糕……
医院走廊上到处都是感染者，被传染的人越来越多。
天哪！
听起来好可怕……
霍乱多发生在卫生及医疗条件较差的地区，虽然这里曾经有很多霍乱患者……
但是我没有感染霍乱。
你怎么能保证没感染上？
我刚抵达这个城镇不久，更没有喝这里的水，况且霍乱的潜伏期一般是 3 天。我是因为脱水，身体还没恢复就进食了，才会拉肚子的。
虽然你说得很有道理，但只要存在传染的可能，我都要禁止你跟他们接触，这样才能确保他们的健康！
愕然

那我们就分开走吧！
凯恩哥，你说什么？
等我确定了我没有感染霍乱，再和你们会合。如果洛洛在这之前找到了水源，你们就先去那边。
凯恩哥，不要！
别再跟着我了！
嗒嗒
嗒嗒
凯恩哥！
咦？
你怎么没跟他们一起走，你不怕被我传染霍乱吗？
我是冒险王呢！我会做好防范措施的。

我的免疫力很强的，别担心！
好吧！
沙土
沙土
哎呀，到这里来之后，一直在挖地，都不知道挖出多少土了！
有气无力
怎么还没挖好？我又想拉肚子了。
看我的神力！
把油桶放进土坑里来存放粪便，听起来很不错……但是，如果拉满了，该怎么办呢？
那就在拉满之前，用土把它盖起来吧！
在很久以前，人们的生活污水都流入了附近的河流，因为没有自来水，人们又直接取河水来用，这样病菌很容易经水传播。1854 年，伦敦宽街暴发霍乱，导致近千人身亡。后来人们发现，宽街的霍乱是通过泵井的水传播的。
近千人吗？
滚滚滚滚
嗯？

这个小桶子更合适吧？
油桶太大了，蹲在上面会不会掉进去？
是。
这里有好多这种小桶子，从刚才到现在，我都看到好几个了。
这是纯净水公司生产的水桶，这一小桶的水比一桶原油还要贵呢！
但后来即便有钱也买不到水。
转
哼，竟然不帮我们挖地。
真是令人讨厌。

呼噜
叽叽叽叽
勘测结束，已经分析出水源的所在地。
啪
洛洛，你说什么？
睁眼
发现水源！
砰
智伍，凯恩哥！
洛洛发现水源了！
大声呼喊

真的吗？
嗯！
太好了！
终于有希望了！
蹦蹦
跳跳
水源在哪里？我们快走吧！
杉卡去哪里了？
洛洛也不见了。
东看看
他们都还在医院里。
你们怎么能让洛洛单独跟杉卡在一起？
啊！
什么？
嗒
嗒
嗒
我先赶过去！

嗖嗖嗖
哐当
洛洛！
看来这个城镇还有水呢！洛洛指出了一个很明确的水源位置。
你知道在哪里吗？
还好没事！但杉卡似乎有点伤感……
杉卡，我们走吧！
点头
好啊！

呼
呼
呜，沙子都吹进嘴巴里了！
叽叽
洛洛勘测到的地方真的有水源吗？
等等我啊！
嗒
嗒
嗒
嗯？
我跟你们一起去吧！
你别跟来！
我没有拉肚子了。我已经确定自己没感染霍乱了。

我就说吧，凯恩哥根本没感染霍乱。
真是太好了！
好吧！我就暂时相信你。
杉卡，你这是什么态度呀？
凯恩哥，我怕你会再昏倒，我扶你！
你别靠近我！
咦，这座钟楼……
歪斜
智伍，怎么了？
没什么。
好像倾斜了。

停住
即将到达目的地。
这里会有水源吗？
难道……
拍拍
清理
清理
是下水道的井盖。
洛洛发现的是下水道的水吗？
愣
下水道是什么？
下水道是城镇、厂区或村庄排除污水和雨水的地下通道。

如果发现的是下水道的污水，那也没有用啊！污水无法饮用，洛洛也净化不了。
摇头
摇头
可怜的洛洛，太辛苦了。
不过，下水道里的自来水管道通常会和污水管道一起铺设。
思考
所以下水道里的自来水管会有水吗？
我们在家里、学校或公共场所里，只要一打开水龙头就有自来水流出来，这都多亏了自来水厂通过自来水管给我们运送干净的水。
自来水运送的过程
将江河、湖泊或水库的水引进来
过滤悬浮物
消毒杀菌
将自来水送入千家万户
不管是自来水管，还是污水管，因为已经停水多年，现在肯定是没有水的……难道洛洛发现了隐藏的神秘水源？
进去看看就知道了！
用力
噔
噔

天哪，这里好臭啊！
我们好像变成了鼹鼠。
在《地底世界历险记》里也是这样爬着走。
这里比想象中的还要深呢！
跳
下
啊，太臭了！我的鼻子受不了了。
这就是下水道？
臭气熏天

即使这里有水，这水也不能喝吧？
这里不只很臭，还有很多蟑螂。
窸窣窸窣
叩叩叩
这个应该就是自来水管。
自来水管里的水早就枯竭了。
这里真的有水源吗？

被污染的水资源

人类活动引起的水污染

虽然自然界的水有较强的自净能力，但是人类在生产、生活过程中排放了大量的污水进入水体，导致地球的水质恶化，这就是水污染。日益加剧的水污染，已经对人类的生存安全构成了重大威胁，成为人类健康和社会可持续发展的极大障碍。

亚马孙河 世界上流量最大的河流，也因水污染而生态环境被严重破坏。

水污染带来的危害

如果水体的自然环境遭到严重破坏，水质被污染，一旦超过水体的自净效应，将会对水体水质造成不可逆转的永久破坏。被污染的水会危害水生生物的正常生长繁殖，对水环境造成恶劣影响，甚至影响整个生态系统。如果用被污染的水来灌溉农田，会使农作物受到污染，导致农产品产生毒性。如果取水口的水受到污染，我们的饮水安全将面临重大威胁。如果水源发生生物性的污染，可能导致介水传染病在人群的暴发。

水污染不仅会带来生态问题、健康问题，还会造成社会问题。随着水污染的加剧和人们环保意识的提高，因水污染引起的纠纷和冲突逐年增加。

一些重大的水污染事件

英国伦敦的“大恶臭”事件

19世纪的英国伦敦，经历了工业化和城市化带来的巨大冲击，人口和面积都翻了一番，但是街道、河流的卫生情况很差。最糟糕的是，很长一段时间，人们的排泄物随着抽水马桶的使用直接被排入了泰晤士河，由此引发了“大恶臭”事件。伦敦市政因此开始建造地下排水管道，把人们的排泄物运往污水处理场，净化之后再排放到泰晤士河中，泰晤士河的恶臭才开始消散。“大恶臭”事件是英国河流污染防治史上的重要事件，为当今河流保护和河流污染治理提供了经验。

日本熊本的“水俣病”事件

1956年，日本熊本县水俣湾地区被一种可怕的病症笼罩——患者们手足麻痹、听力障碍、视觉丧失、神经失常，严重者甚至被夺去生命。这种“怪病”就是轰动世界的“水俣病”，是最早出现的工业废水排放污染造成的公害病。究其原因，就是重金属（汞）污染了水源。

中国上海的甲肝大流行

1988年1月，上海的各家医院里涌进大量甲肝患者，通过临床调查，医生们发现，大多数甲肝病人在病发前都曾食用过毛蚶。这些毛蚶所在的海域曾受到大量人畜的粪便污染，带有甲肝病毒。当时，上海城区人口密集，病毒传播得很快。这是一起典型的水体遭受病原微生物污染—病原微生物污染水产品—水产品再感染人的公害病事件。

第 8 章
藏在地底的储水罐

咦?
墙壁上怎么会有裂缝呢?
摸
呃啊!
怎么了?
转
啊啊
蟑螂又出现了!
我要不要抓些蟑螂来吃啊?
啊!
呃
舔
不会吧?
如果你抓得到的话。
什么?
洛洛，我们还要走多久啊?你说的地方好像就在这附近。
还有20米。
叽叽叽

快到了呢！
唰
唰
唰
快走吧！
有岔路！洛洛，该往哪边走？
停下
往右边。
这里看起来没有路了……
漆黑
呆愣
嗯？

洛洛又出错了吗?
洛洛没有发生故障啊!
洛洛，你再搜寻一次，好吗?
搜寻中。
叽叽
找到路径。
啊?
啪
叽叽叽
怎么了?
洛洛，那边是墙壁啊……
叽叽叽
那是什么?

是一扇门！
门被锁住了！
扯
扯
扯扯
你让开一下。
翻找
锵
哇，用这个就能打开吗？
你是盗贼吗？
咔嚓
咔嚓
我只是试一下，我也没把握！

啪
嗒
打开了！
嘎吱
嘎吱
那个是什么？
难道是……
洛洛，把灯光调亮吧！
嗡嗡
啪

锵
锵
是储水罐！
终于找到了！
我们得救了。
嗒
嗒
嗒
爬
啊！
踩空
小心啊！

这是电源开关吗？
这里太暗了，什么都看不清楚，如果有电灯就好了……
啪
嗒
城镇里已经很久没电了，这里应该也没有电吧！不过……
好刺眼！这里怎么还有电？
亮
明
对啊，连医院都停电了。
转
动
注视
啪

臭
这是……
天哪！
这并不是储水罐，而是化工废液罐吧！
呜
如果有水就装一点下来吧！
杉卡，里面是什么？
啪
这个是水吗？

很臭啊！
这是
什么？
啊！
捂住
快拿
走！
那是什
么啊？
你有没有碰到污水？如
果碰了赶快洗手，不然
可能会刺激皮肤。
避开
别担心。
洛洛，又要
麻烦你了。
拜托了！
递
分析中。
嗡
嗡
这种水的污染程度
很高吧？
污染程度？
叽
叽
凯恩哥说
的是水质的
分类标准。

判断污水受污染的程度，可以参考一系列综合性指标，包括臭味、浑浊度、悬浮性固体、化学需氧量、五日生化需氧量、细菌总数和大肠菌群等。
那这些指标越高，水质就越差吧？
没错，因为水中有机污染物越多，这些指标的数值就会越高。
未（稍微）污染
轻度污染
中度污染
严重污染
检测完毕，水被严重污染！
严重污染？
惊
那是超级脏的水啊！
分析结果，含有汞、镉、铅……
这是什么？
这杯水中含有这么多金属！

以及寄生虫、病毒、细菌、排泄物、合成洗涤剂等。
这到底是什么水啊？为什么要在这里保存这些污水？
含有汞和铅等重金属的污水是工业废水，而含有排泄物和合成洗涤剂的污水为生活污水。为什么这些污水会混合在一起呢？
惊
不管怎样，这些都是人类产生的污水。
人类产生的污水？
人类产生的污水中，工业废水最难处理，
它含的污染物多，成分复杂，不易净化。
发抖
发抖
现在说这些有什么用呢？

嗯？
我们历经千辛万苦来到这里，
却只找到污水……
生气
生气
等等！
为什么这么隐蔽的地方会存放这么多的污水呢？还故意锁上门，不让别人进来……
啊！
有道理。
我们再观察一下。
东看看
西看看

这些
是……
你发现了
什么？
嗒
嗒
嗒
这些是净水
装置吗？
这些小水桶，是先前
看到的纯净水公司生
产的吧？
嗯，怎么会
放在这里？
点
头
凯恩哥，这个净水装
置有用吗？能净化污
水吗？
应该达不到
净化的标准。

这些装置只能过滤杂质，并不能对水进行消毒杀菌，所以这些水不能饮用。我们通过水龙头得到的自来水都是经过消毒和杀菌的。
地下水处理过程
取得地下水
沉淀
第一次过滤
沉淀
第二次过滤
去除杂质
那过滤这些污水有什么用呢？
指
只是除臭和去掉了杂质。
那水里还是有很多细菌的吧？
这些不能喝的水，为什么会装在小水桶里？
困惑
洛洛，能帮我确认一下吗？
嗯？
这些水里有霍乱弧菌吗？
有的！
如果这些小水桶里的水被人喝了……

就会感染霍乱……
杉卡，你说的是什么意思？
惊
难道纯净水公司卖的是……
原来纯净水公司卖给人们的是没有消毒和杀菌的污水，导致土城居民染上了霍乱！
发抖
什么？
怎么会？
大家先别激动，现在下结论可能还早。
啪
这么危险的污水，我要马上销毁！

等一下！
如果将这些污水倒入下水道，会污染更多水源的！
那又怎么样？
啊……
杉卡……
这里已经没有其他水源了，这是一个被废弃的城镇。
洛洛，你要去哪里？
叽叽叽

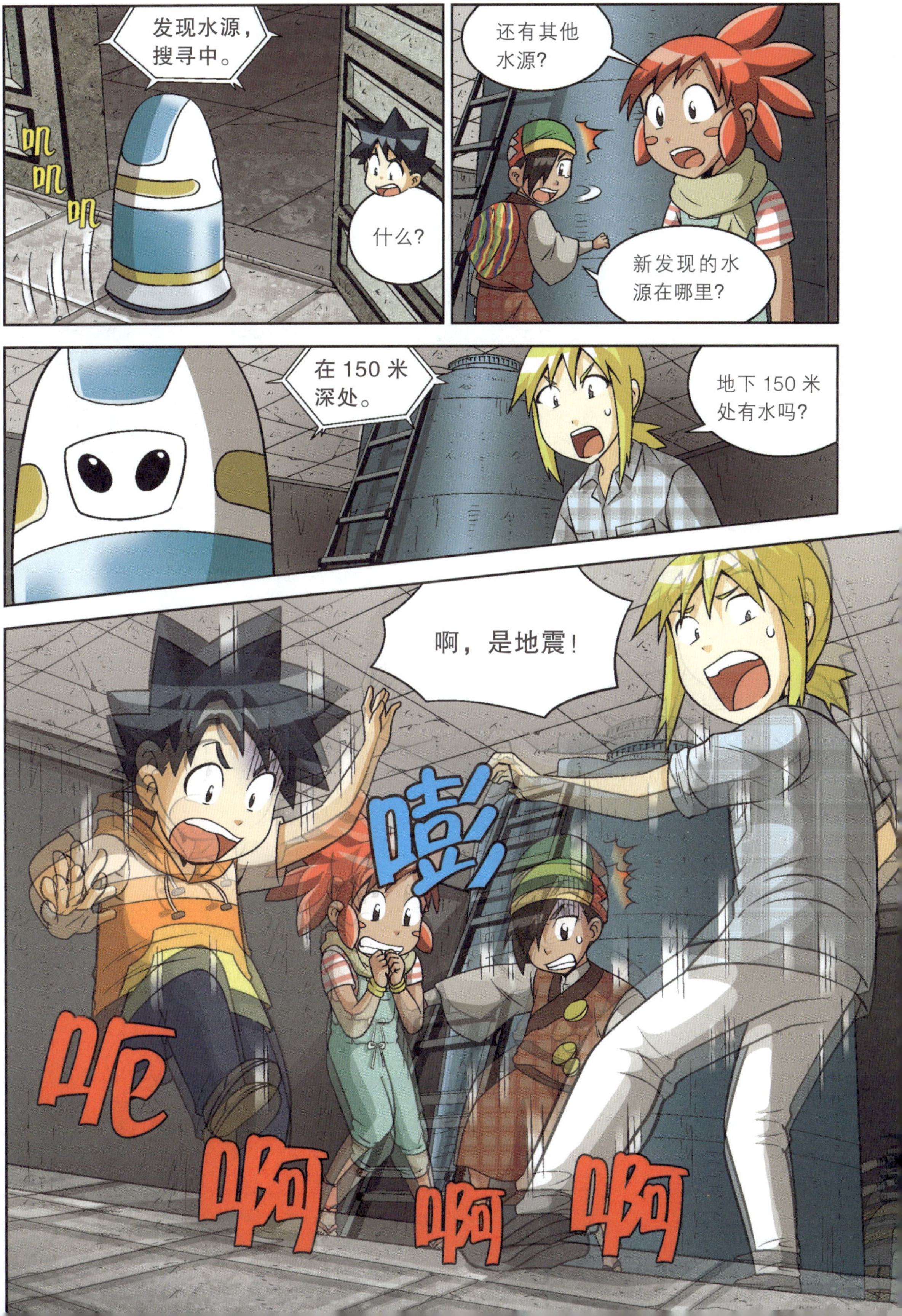
发现水源，
搜寻中。
叽
叽
叽
什么？
还有其他
水源？
新发现的水
源在哪里？
在 150 米
深处。
地下 150 米
处有水吗？
啊，是地震！
嘭
呃
啊
啊
啊

水资源的再利用

水资源的再利用是指通过有效的技术手段，将污水、废水等处理后再次利用，以达到节约用水、减轻水资源压力的目的。

雨水的收集与利用

雨水是一种天然的水资源，可以收集来满足人们一部分的用水需求。收集雨水的方法有很多种，可以通过屋顶集水、地面径流集水。未经消毒的雨水，不建议人体直接接触使用，最好用来浇灌植物。我国有些社区或学校会将收集的雨水简单处理之后，用水泵送到屋顶的水罐，引入屋中冲洗厕所。

雨水收集装置 这些收集的雨水，可以通过水管送入家中使用。

污水处理再利用

污水处理再利用是一种循环利用水资源的重要方法。将污水进行多次处理，去除其中的有害物质，让它达到可以再利用的标准，再将这些再生水用于农业灌溉、城市绿化、工业生产等。这样不仅可以节约水资源，还可以减少污水对环境的影响。

怎样节约用水

节约用水，是我们每个人要从身边做起，从小事做起的。生活中的节水小窍门有很多，只要我们养成良好的用水习惯，就能节约很多水资源。

1. 厨房节水

清洗蔬菜前，先摘去菜根及烂叶，要削皮的瓜果先削皮，然后放入菜盆里清洗。清洗时可先清洗叶类、果类蔬菜，再清洗根茎类的蔬菜，以减少用水次数。还可以用水桶收集较干净的洗菜水，用来浇花。

2. 洗衣节水

因为使用洗衣机洗衣服用水量比较大，所以要机洗衣服时，尽量将衣服攒在一起洗，并按衣物的多少选择不同水位的洗涤功能，避免过度用水。如果只有小件、少量的衣物，尽量手洗。洗衣服的水还可以用来冲厕所。

3. 厕所节水

可以选用节水型马桶，或安装可以控制出水量的马桶配件，并选择适当的冲水时间，或者尽量使用洗衣服的水来冲马桶。

4. 洗浴节水

刷牙洗脸时，避免水龙头一直开着，需要用多少水，就放多少水。使用杯子刷牙，用脸盆洗脸，这样用过的水还可以用来拖地、洗抹布。淋浴时，要控制好时间，避免长时间淋浴，浪费水资源。在家里装修时，还可以选择节水水龙头和节水花洒，这样也能比较有效地节约用水。

看不见的“水足迹”

水足迹是指一个国家、一个地区或一个人，在一定时间内消费的所有产品和服务所耗费的所有水资源。它包括国家水足迹、个人水足迹。国家水足迹是一个国家内所有居民和产业活动所产生的总水足迹，个人水足迹是个人在日常生活和消费中所产生的水足迹。

我们每天吃下的食物，也有它们的水足迹，即生产它们需耗费多少水。比如，一个 100 克的苹果的水足迹为 70 升，一杯咖啡的水足迹为 140 升，而一个汉堡的水足迹是 2400 升。

第 9 章
寻找干净的水源

摇晃摇晃
刚才是怎么了？
是地震吗？
洛洛，再往下会有水源吗？
是，150米深处。
但是刚才地板在晃动呢！
别担心，以前有过更严重的震动。
难道这不是第一次发生？

这里经常会发生轻微的地震，目前为止没发生什么大事件。
挥挥
但不能保证现在不会发生吧！
现在讨论这个也没用。洛洛，你的意思是土城的地下水并没有枯竭吗?
地下水并没有枯竭?
含水层中的地下水已经枯竭了，但是隔水层还有水。
哔哔
地下水的分布情况
土壤层 由土壤和空气组成，水能轻易地往下渗透。
含水层 饱含水的岩土层，水在其中流动。
隔水层 水流很难透过的岩土层。
隔水层里的水一定很干净！
等等！
惊
我知道为什么我们脚下一直在震动了！我们必须赶快离开这里，土城就要崩塌了！
你说什么?

我怎么没早一点发现呢？
当含水层的地下水枯竭后，往往会发生地面沉降，这个过程通常比较缓慢，但经过数年的发展……
所以……这个城镇就要塌陷了吗？
对！没有节制地获取地下水，或者因为地下水慢慢枯竭，都会造成地面沉降，甚至产生沉洞。墨西哥城正因为如此，每年地面沉降达到惊人的 30 厘米，墨西哥城大教堂因此而开裂、倾斜。
什么？地下水枯竭会造成地面沉降、房屋倾斜等问题？
啊，我想起来了！
倾斜
刚刚看到的钟楼也是倾斜的。
我也记得道路上有很多坑洞。
下水道的墙壁也有许多裂缝。

我们快点离开这里吧！
转
你们先走吧！
你不跟我们一起走吗？
我一定要找到隔水层的水源才行。
你为什么这么固执？
杉卡，这里很危险！
我们快走吧！
紧抓
杉卡。
唔
我历尽千辛万苦才找到这里，怎么能放弃？这是拯救土城的唯一机会。
洛洛告诉了我水源的确切位置，我自己去。

这个人根本无法沟通，看来该使出大绝招了。
皮皮！
咦?
你来帮我！
好！
抬起
很好！
嗒嗒
杉卡，你想得到更确切的信息，就跟我们走吧！
唰 唰 唰
你们居然把洛洛带走了！
我们先转移到安全的地方吧！这里太危险了。
暴怒 暴怒
可恶……

嗒嗒嗒
停下来啊！
这是刚才看到的裂缝！
咔嚓
咔嚓
咔嚓嚓
小心啊！
啊！
轰隆隆

轰
隆
可以从边上通过。
皮皮，我们沿着墙边走。
这里太危险了，我们快走！
知道了。

蹑手
蹑脚
太好了！
好，换我和洛洛。
呃啊！
抓住
咔当
咔当
皮皮，你还好吗？
我没事，但你们要快点过来啊！
我该怎么过去？
唔
好吧……

洛洛，你要抱紧我。
你想干吗？
这个高度应该还行。
看我的！
踏
智伍！
啪嚓啪嚓
唰啦啦

我的运动神经还是很发达的！
摇摇
晃晃
吓死我了……
智伍，你太厉害了！
那你要怎么下来啊？
啊，无底深渊……洛洛你要抱紧我！
我一定可以做到的！
智伍，小心啊！
晃
摇
晃
先晃动一下，然后……
唰唰
洛洛！

呃啊！
猛然
见识到我的厉害了吧？
智……智伍。
惊
洛洛呢？
还好我接住了！
惊
杉卡，你把洛洛丢过来！
什么？这样做太冒险了。
啊！
啪嚓啪嚓
我们到地面会合吧！我一定会保护好洛洛的！

轰隆隆
杉卡，这样太危险了！
我们先走吧！等下再说。
嗒嗒嗒嗒
推开
喀喀
杉卡跟洛洛不会有事吧？
瘫软
这里是杉卡熟悉的地方，他一定能逃出来的。
如果他来不及逃出来，该怎么办？
别担心，他不是都从沙尘暴中活下来了吗？
轰隆
轰隆
咦，那是什么声音？

轰
隆
隆
隆
是杉卡！
太好了，
你没事！
笑
眯
眯
我就知道
我们能再
见面的！
这里的地面
已经很脆弱了，
那么重的机器很
危险的！
这是我寻找水
源的设备。没
有它不行！
发现
水源！
但是，地面
都塌陷了！

轰
隆
隆
隆
我要在地面完全塌陷前找到水源，不然那些水很快会被污染。
难道水源比你的生命还重要吗？
杉卡，你快下来！
轰隆隆
你们快走吧！我要坚持到最后一刻，拯救土城！
嗒嗒嗒嗒
洛洛，谢谢你！接下来就由我自己来面对，你走吧！
唰
唰
唰
唰
发现水源。
杉卡……

嗯……
杉卡，洛洛就交给你了。
什么？
因为洛洛在你身边更有用。
洛洛一定能帮助杉卡，拯救这个城镇！
智伍……
发现水源，洛洛发现水源。
哽咽
叽叽
落泪
杉卡，祝你好运！
点头
嗯……

我不会忘记
你们的！
走吧！
轰
隆
嗒
嗒
嗒
轰隆隆隆
砰
大家小心！
啊啊啊！
哐
当
哐
当

寂静
啪
用力
哇！
呼哈
都挖好了吗？
脑博士！
看来你们还没找到水源啊！
等等，这是什么味道？
脑博士！
抱住
你们干吗？

见到您，
真开心！
咦？
凯恩啊！
洛洛呢？
糟糕，要怎样跟脑博士解释呢？
呃！
洛洛！
翻翻翻
洛洛，你在哪里？
紧张
咦？
下雨了！
瞧
滴答

太好了，看来即将结束干旱了。我们有水可用啦！
哗啦啦啦
真舒服！
滴答滴答
真好喝！
滴答滴答滴答
太舒畅了。
真是天降甘霖啊！

要不要赶快跟脑博士解释洛洛的事啊？
他会相信吗？
如果杉卡的土城也能下雨，就太好了！
啊，等等！
怎么了？
快点来接雨水啊，不然太可惜了吧！
洛洛去哪了呀？
哗啦啦啦
下一册是《微生物世界历险记1》！

我的第一本科学漫画书

探险百科系列

内容简介

讲述冒险王智伍的探险故事。与大多数野外自然探险不同，智伍所去的探险之地是病毒世界、植物世界、地底世界、鸟类世界，还有夜间动物园。在探险时，智伍学到了很多有用的科普知识。虽然每次探险都历经重重危险与困难，但是他从未放弃，并且用智慧与勇气战胜一个个危机，成为不折不扣的少年冒险王。想学到丰富全面的探险知识，就和智伍一起出发吧！

1.有趣的人物形象，饱满的人物性格

2.新颖的漫画形式，生动的冒险故事

3.真实的生活场景，详尽的生存常识

4.系统化的知识点，精准掌握科普知识

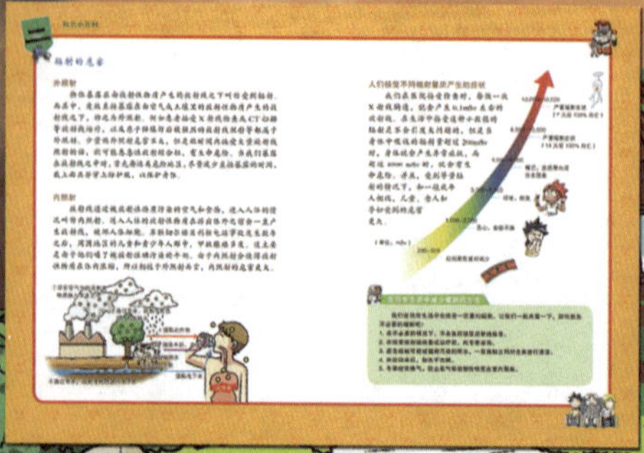

已出版

- ★ 病毒世界历险记 ①
- ★ 病毒世界历险记 ②
- ★ 夜间动物园历险记 ①
- ★ 夜间动物园历险记 ②
- ★ 植物世界历险记 ①
- ★ 植物世界历险记 ②
- ★ 地底世界历险记 ①
- ★ 地底世界历险记 ②
- ★ 鸟类世界历险记 ①
- ★ 鸟类世界历险记 ②